曾荣华　马　丽　徐志广　主编

节能减排科普读本

（高能耗行业）

U0309754

化学工业出版社

北京

本书以浅显易懂的语言，图文并茂的形式，系统介绍了化工、钢铁、建材和电镀等高能耗、高污染行业的节能减排技术与方法，适合企业生产一线员工、管理人员以及政府相关部门工作人员阅读。

图书在版编目（CIP）数据

节能减排科普读本：高能耗行业 / 曾荣华，马丽，徐志广主编. —北京：化学工业出版社，2018.10
ISBN 978-7-122-32813-7

Ⅰ.①节… Ⅱ.①曾… ②马… ③徐… Ⅲ.①工业企业-节能减排-普及读物 Ⅳ.①TK018-49

中国版本图书馆CIP数据核字（2018）第182433号

责任编辑：王　婧　杨　菁　李玉晖　　　　　装帧设计：张　辉
责任校对：王　静

出版发行：化学工业出版社（北京市东城区青年湖南街13号　邮政编码100011）
印　　装：北京缤索印刷有限公司
710mm×1000mm　1/16　印张5　字数52千字　2019年8月北京第1版第1次印刷

购书咨询：010-64518888　　　　　　　　　售后服务：010-64518899
网　　址：http://www.cip.com.cn
凡购买本书，如有缺损质量问题，本社销售中心负责调换。

定　　价：49.80元

前 言

随着我国经济的飞速发展，能源需求量持续增长，当今我国已成为世界第二大能源消费国。我国以较低的能源增长支持了较高的经济增长，能源缺口甚大。与此同时，当前工业生产中普遍存在高能耗现象并伴随高污染的排放行为，两者严重制约着我国经济的可持续发展。因此，工业生产的节能减排工作已经提升至国家政策层面。工业生产中，化工、钢铁、建材和电镀等行业占工业总能耗的70%以上，因此，节能减排工作应从高能耗、高污染行业和重点企业着手，从点、线到面，促进整个工业低能耗和低污染生产格局的形成。

节能减排工作的开展可以先从工业生产设备技术的硬件和企业管理制度的软件两方面入手，这两方面顺利实施的关键在于企业员工的节能减排思想意识能否真正提高和重视。节能减排工作除了厉行节约和调整产业结构等，更重要的是需要企业中人人参与节能减排，特别是高能耗、高污染企业的员工参与。为了让社会每个人能获得节能减排知识，并参与节能减排活动，进行节能减排的科普教育显得尤为重要。

在广州市科技计划项目（项目编号：201609010096）的支持下，我们编写了这本科普读物，以浅显易懂的语言和图文并茂的形式，系统介绍了化工、钢铁、建材和电镀等高能耗、高污染行业的节能减排技术与方法。本书适合工业生产的企业员工阅读，特别是企业的管理人员，不仅能增强企业员工节能减排意识，而且能有力促进节能减排设备技术的应用与管理制度的推广。

本书共5章，第1章介绍能源的概况，另外4章分别介绍化工、钢铁、建材和电镀行业节能减排的技术措施和应用实例。本书由华南师范大学曾荣华、暨南大学马丽、华南师范大学徐志广主编，华南师范大学陈小菊、杨小云，东莞理工学院柳鹏参编。

由于编者水平有限，书中难免出现不足之处，敬请读者指正。

编者
华南师范大学化学与环境学院
2019年1月

目 录

第1章　能源概论

1.1　能源概况

能源指的是能量资源，是自然界中为人类提供某种形式能量的物质资源，可认为是产生各种能量（如热量、电能、光能和机械能等）或做功的物质的统称。关于能源的定义，目前约有二十种。《中华人民共和国节约能源法》把煤炭、原油、天然气、电力、焦炭、热力、成品油、液化石油气、生物质能和其他直接或者通过加工、转换而取得有用能的资源等定义为能源。即凡是自然界存在的、通过科学技术手段能转换成各种形式能量的物质资源都叫能源。

能源不是一种单纯的物理概念，还有技术经济的含义，也就是说必须是技术经济上合理的那些可以得到能量的资源才能称之为能源。所以能源的内容随时间在变化，我们现在指能源包括：天然矿物质（燃料、煤炭、石油、天然气等），生物质能（薪柴、秸秆、动物干粪等），天然能（水能、地热、风力、潮汐能等）及这些能源的加工转换制品，如焦炭、各种石油制品、煤气、蒸汽与电力等。新能源产业分类见图1-1。

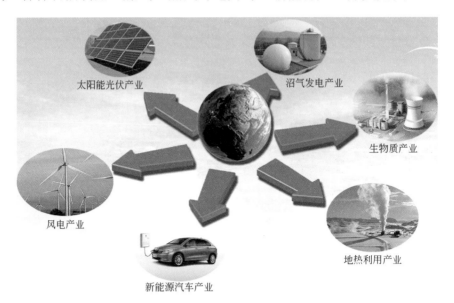

太阳能光伏产业

沼气发电产业

生物质产业

风电产业

新能源汽车产业

地热利用产业

图1-1 新能源产业分类

人们的生活、生产和科研都离不开能源（图1-2），那么能源包括哪些？我们是怎样来对它们进行分类的呢？

（1）按获得方法分类

一次能源：指存在于自然界，不经过加工或转换可直接利用的能源，如煤炭、石油、天然气、水能、太阳能等。

二次能源：由一次能源经过加工转换而成的能源产品，如电能、蒸汽、煤气等。

（2）按能量来源分类

地球本身蕴藏的能源，如核能、地热能等。

来自地球外天体的能源，如宇宙射线、太阳能等。

地球与其他天体相互作用的能源，如潮汐能等。

图1-2　生活中常见的能源

（3）按利用程度分类

常规能源：其开发利用的时间长、技术成熟、能大量生产并广泛使用，如煤炭、石油、天然气、薪柴燃料、水能等。常规能源又称为传统能源。

新能源：其开发利用较少或正在研究开发之中，如太阳能、地热能、潮汐能等。

（4）按能否再生分类

可再生能源：它不会随其本身的转化或人类利用而日益减少，如水能、风能、潮汐能、生物质能等。

不可再生能源：它随人类的利用而日益减少，如石油、煤炭、天然气、核燃料等。

（5）按能源本身性质分类

含能体能源：其本身就是可提供能量的物质，如石油、天然气、煤炭等。它们可直接储存，因此便于运输和传输。含能体能源又称为载体能源。

过程性能源：是指由可提供能量的物质的运动所产生的能源，如水能、风能、潮汐能、电能等，其特点是无法直接储存。

（6）按能否作为燃料分类

燃料能源：它们可以作为燃料使用，如各种矿物燃料、生物质燃料以及二次能源中的汽油、柴油、煤气等。

非燃料能源：它们是不可以作为燃料使用的能源，不能燃烧。

1.2 我国能源知多少

1.2.1 能源更迭与社会发展

人类迄今为止经历了三个能源时期。

（1）薪柴时期

从人类学会利用火开始到18世纪，主要能源是薪柴（图1-3）、秸秆、动物排泄物等生物燃料。同时利用人力、畜力和一小部分简单的风力和水力机械做动力。这一时期延续时间长，生产、生活水平低，社会发展缓慢。薪柴主要通过砍伐森林获得，但大面积砍伐森林严重破坏地球的生态平衡。同时由于燃烧薪柴获取能量的效率较低，人类仍需要开发其他的能源。

（2）煤炭时期

从18世纪到20世纪，主要能源以煤炭和以煤炭为基础的二次能源

图1-3　砍伐的树木

（如电力）为主。这一时期的能源变革使人类的生活水平和文化水平得到较大的提高。图1-4所示为生活用煤。

图1-4　生活用煤

第1章　能源概论

（3）石油时期

从20世纪到现在，这一时期的主要能源以石油、天然气为主。内燃机的出现极大地缩短了地区和国家的距离，也大大地促进了世界的经济发展。石油钻井见图1-5。

化石能源是现代人类文明所需的主要能源。由于其属于不可再生的资源，所以总有使用殆尽的一天。进入21世纪，随着可控核反应的实现，核能将成为世界能源的主角。同时太阳能、风能等大力推广，清洁能源的时代即将来到。

图1-5　石油钻井

1.2.2　我国能源现状

能量总量大、人均少、结构差、效率利用率低是我国能源现状，与经济发展需求有很大的差距。据数据统计，我国煤炭、石油和天然气资源的储量及可采年限在世界排名如表1-1所示。

表1-1 我国能源存储现状

项目	煤炭	石油	天然气
全球日采总量/亿吨	9842.1	1635.7	179.85万
全球能量可采年限/年	155	40.6	65.1
我国日采总量/亿吨	1145	21.8	2.35万
我国能量可采年限/年	52	12	47
世界排名	3	14	17
人均剩余可采储量/%	58.6	7.69	7.05

从表1-1中可知，虽然我国能量总量大，但是由于我国是人口大国，能量人均拥有量远低于世界平均水平，且生产总量呈下降趋势（图1-6）。

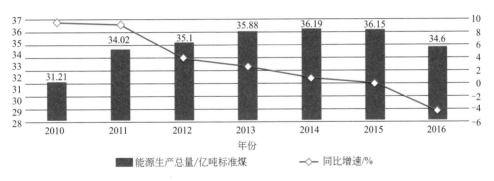

图1-6 2010~2016年全国能源生产总量走势分析

我国能源资源的地区分布既普遍又相对集中。我国是以煤为主要能源的国家，煤炭资源分布面广。据数据统计，除上海市外，其他省、市、自治区都有不同数量的煤炭资源。在全国2100多个县中，1200多个有预测储量，已有煤矿进行开采的县就有1100多个。按省、市、自治区计算，山西、内蒙古、陕西、新疆、贵州和宁夏6省区最多。山西、内蒙古和陕西分别占25.7%、22.4%和16.2%。我国煤分布情况见图1-7。

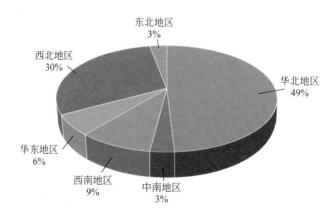

图1-7 我国煤分布情况

据原国土资源部发布的《中国矿产资源报告》数据统计，2015年我国煤炭探明15663.1亿吨，仅次于美国和俄罗斯。2015年我国煤炭消费量约为33.8亿吨。我国炼焦煤已查明的资源储量为2803.67亿吨，占世界炼焦煤查明资源量的13%。我国煤炭储量变化情况见图1-8。

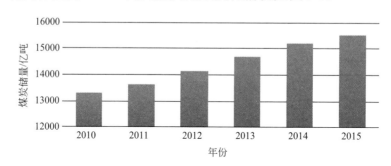

图1-8 我国煤炭储量变化情况

我国石油资源的分布不均衡，勘测程度差别较大。石油资源集中分布在渤海湾、松辽、塔里木、鄂尔多斯、准噶尔、珠江口、柴达木和东海陆架八大盆地，其可采资源量172亿吨，占全国的81.13%；天然气资源集中分布在塔里木、四川、鄂尔多斯、东海陆架、柴达木、松辽、莺歌海、琼东南和渤海湾九大盆地，其可采资源量18.4万亿立方米，占全国的

83.64%。2016年从中国石油天然气集团公司获悉，全年国内新增探明油气当量超过11亿吨，其中石油地质储量6.49亿吨，天然气地质储量5985亿立方米。截至2016年，国内新增探明储量已连续10年保持10亿吨当量的高位增长。

1.3 我国能源消耗概况

随着我国经济的飞速发展，能源需求量持续增长。改革开放以来，我国经济平均增长率为9.4%，消费年均增长率为4.2%，以较低的能源消费增长支持了较高的经济增长。我国能源自给率为94%，表明能源消费主要靠国内供应。

世界能源消费结构主要集中在煤炭、石油和天然气。我国以煤为主是由石油能源资源条件决定的。根据煤多油少的能源资源特点，煤炭在相当长的时期内都将是能源消费的主力。我国人均能源消费为（以标准煤计）1065千克，仍低于世界平均水平（2055千克）。同时，我国能源消费结构不平衡。石油在国民经济中的消费份额由1985年的17.10%缓慢上升到2015年的18.6%。煤炭的消费量由1990年的76.2%下降到2015年的63.7%。水电的消费量由1978年的3.4%上升到2015年的8.5%。从能源总量来看，我国是世界第二大能源生产国和第二大能源消费国。总的来说，2015年我国一次能源消费量为$3014×10^6$吨油当量，占世界能源消费总量的22.9%，其中，煤炭、石油、天然气、水电、核电、风能、太阳能及其他可再生能源占的比例分别为63.7%、18.6%、5.9%、8.5%、1.3%、1.4%、0.3%和0.4%（图1-9）。然而到2016年，全国能源消费总量比2015年多0.6亿吨标准煤（图1-10）。

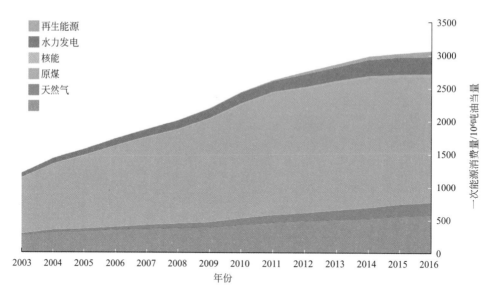

图1-9　中国一次能源消费量变化

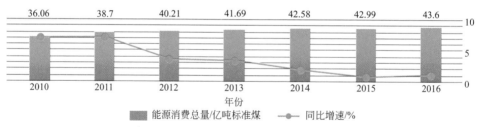

图1-10　2010～2016年全国能源消费总量统计情况

　　可以看出，我国能源消费还是以煤炭、石油等一次能源消费为主，煤炭占了绝对性的消费优势。我国大气污染物排放量一直保持较高水平，表明了经济"高耗能、高污染、低效益"的粗放式发展还占有相当的比例。目前经济结构正在转型升级，国务院发布了加强节能工作的决定，制定了促进节能减排的一系列政策措施，各地区、各部门相继做出了工作部署，节能减排工作取得了积极进展，但是目前的节能降耗和污染减排工作还不尽如人意，主要表现在高能耗的行业，如建筑、钢铁、化工及电镀等行业。因此，推进节能减排的工作刻不容缓。

1.4　节能减排工作

近年来，为缓解能源供需矛盾，保持经济平稳较快发展，推动经济结构调整和产业技术进步，改善环境质量，政府综合运用法律、经济、技术和必要的行政手段，出台了一系列推动节能减排的政策措施。在各项政策的鞭策下，节能减排工作取得了良好成效。"十二五"前三年我国累计节能约3.5亿吨标准煤，相当于减少二氧化碳排放8.4亿吨。2013年全国化学需氧量、二氧化硫、氨氮、氮氧化物排放总量与2010年相比分别下降7.8%、9.9%、7.1%、2.0%。

随着节能减排工作的稳步推进，节能减排的经济价值得到极大提升。节能环保产业迎来快速发展机遇，到2015年节能环保产业总产值达到4.5万亿元，成为国民经济新的支柱产业。随着新环保法的颁布，相关配套政策的陆续出台，未来我国将进一步加大对环境污染的治理力度，并逐步完善和规范节能减排行业的发展，节能减排行业发展潜力依然较大。

推进节能减排工作有以下措施。

① 加快产业结构调整。要大力发展第三产业和高技术产业，坚持走新型工业化道路，促进传统产业升级，实施"腾笼换鸟"战略，加快淘汰落后生产能力、工艺、技术和设备；对不按期淘汰的企业，要依法责令其停产或予以关闭。

② 大力发展循环经济。要按照循环经济理念，加快园区生态化改造，推进生态农业园区建设，构建跨产业生态链，推进行业间废物循环。

③ 节电与余热发电。合理用电，节约用电，将一些废弃能源转化为电能已经成为节能减排工作中的重中之重。

④ 强化技术创新。组织培育科技创新型企业，提高区域自主创新能力。

⑤ 加强组织领导，健全考核机制。成立发展循环经济建设节约型社会的工作机构，研究制定发展循环经济、建设节约型社会的各项政策措施。

⑥ 控制增量，调整和优化结构。

⑦ 强化污染防治，全面实施重点工程。

⑧ 创新模式，加快发展循环经济。

⑨ 依靠科技，加快节能减排技术开发和推广。

⑩ 夯实基础，强化节能减排管理。

⑪ 对高耗能企业采取节能措施。普及烟气余热回收、负能生产技术。

⑫ 健全法制，加大监督检查执法力度。

⑬ 完善政策，形成激励和约束机制。

⑭ 加强宣传，提高全民节约意识。

⑮ 政府带头，发挥节能表率作用。在节能减排工作中，中央政府将率先规范。

总之，只有坚持节约发展、清洁发展、安全发展，才能实现经济又好又快发展。同时，温室气体排放引起全球气候变暖，备受国际社会关注。进一步加强节能减排工作，也是应对全球气候变化的迫切需要。

第2章 化工行业节能减排

化学工业在国民经济中占有重要地位，是许多国家的重要基础产业和支柱产业。目前，世界化工产品年产值已超过15000亿美元，但是，化学工业的发展也产生许多环境问题，是导致资源和能源的日渐减少与濒临枯竭的原因之一。化学工业走可持续发展道路对经济、社会发展具有重要的现实意义。节能减排是指节约物质资源和能量资源，减少废弃物和环境有害物（包括三废和噪声等）排放。从20世纪90年代以来，全球范围内逐渐倡导环境友好化工、清洁生产工艺等，化学工业的发展正朝着"绿色"方向努力。

国家工业发展政策引导企业实施先进的节能技术，节能降耗，不断提高能源利用效率。为保证国民经济持续、快速、健康地发展，其重点在于如何应用和实施先进的节能技术。在国家发展和改革委员会、能源局、统计局、原质量监督检验检疫总局、国务院国有资产监督管理委员会五部委组织开展的"千家企业"节能行动中，石油和化学工业占340家。千家企业2004年能源消费量为6.7亿吨标准煤，占全国能源消费总量的33%，占工业能源消费量的47%。石油、石化、化工340家企业的能源消费量占千家能源消费量的25%左右，占全行业能耗的一半以上。抓好这些重点企业，将对整个行业乃至全国的节能事业产生巨大的影响。相关部门要协助政府制定节能降耗目标，开展能源平衡测评、技术服务和达标认定工作，组织专家到企业"诊断"，帮助重点企业搞清能耗高在哪里，浪费在什么地方，潜力从哪里挖掘，做到心中有数。重点企业要制定用能规划，提出节能降耗目标、产品能耗标准及具体措施。

化工厂景图如图2-1所示。化工行业在工业能源消费量中占据的比例如图2-2所示。

图2-1　化工厂景图

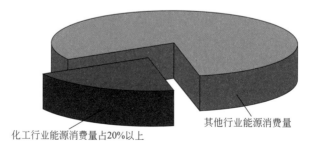

图2-2　化工行业在工业能源消费量中占据的比例

2.1　化工行业的特点与节能减排意义

首先，化学工业是国民经济中的重要原材料工业，具有相当的工业基础，是我国经济发展的重要支柱产业，主要经济指标居全国各工业行业之首。我国生产的化工产品中，有70%以上为农业提供化肥、农药，为轻纺工业提供配套原料或直接提供人民群众生活必需品，所以同农业、轻纺工业和国民经济各部门的发展以及人民生活水平的提高关系极大。化学工业有一个重要的特点，就是煤、石油、天然气等，既是化学工业的能源，又是化学工业的原料。因此广义的化学工业是工业部门中的第一用能大户。这一特点使节能工作在化学工业中有着极为重要的意义。

其次，化工行业生产的主要产品单位能耗高。在化工生产中需要进行一系列化学反应，有的反应是吸热反应，即反应过程中要吸收热量；另一类反应是放热反应，即反应过程中放出热量。化工生产往往需要在较高的温度、压力下操作，有的甚至采用电解、电热等操作，因而对热能和电能的需求量较大。能源成本在化工产品成本中占60%以上（如图2-3所示），例如化学肥料制造业能源成本占总成本的60%～70%；烧碱能源成本占60%以上；黄磷能源成本占60%以上；电石能源成本占75%以上。因此，节约能源是化工企业降低产品成本的重要措施，是实现化学工业可持续发展的必要条件。化学工业能量消费的复杂性，使工艺与动力系统的紧密结合成为现代化学工业的一个显著特点。因此，抓住节能这个重要环节，也就抓住了化学工业现代化的一个关键。

再次，目前我国化学工业能源消费结构以煤、焦炭为主，占化学工

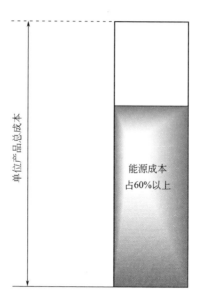

图2-3　能源成本在化工产品单位总成本中所占比例

业总能耗的50%以上。与发达国家化学工业以石油、天然气为主的能源结构相比，我国化学工业的用能结构是以低品质能源为主的能源结构。因此，化学工业的能源利用效率与发达国家相比有较大差距，至少低15%。差距也是节能潜力的标志，表明我国化学工业可以通过产品结构、用能结构的调整，通过提高用能效率，大幅度降低能源消耗。

　　我国经济的持续发展对能源的需求大幅增加。能源市场形势发生了巨大的转变。从2002年开始，能源供应进入供不应求状态，"煤荒""电荒""油荒"时常发生。"能源安全"已从专业人员关注的问题变成国家最高领导层关注的问题。能源供应形势的变化也促使我国的能源政策发生了新的变化。2004年6月30日，国务院常务会议讨论并原则通过了《能源中长期发展规划纲要（2004～2020年）》（草案）（简称《纲要》），首先强调要坚持把节能放在首位，并实行全面、严格的节约能源制度和措施。为此，原国家发展和改革委员会于2004年年底发布了《节能中长期专项规划》，对《纲要》进行具体落实。因此，化学工业节能降耗不仅是企业降低产品成本、实现企业自身发展的需要，更是国家法律、法规的要求。节能的效用如图2-4所示。

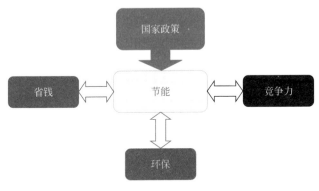

图2-4　节能的效用

2.2　化工行业节能减排重点

2.2.1　化工企业生产过程节能

在化工企业生产过程中，节能的重点主要在于以下四个方面：流程工艺、化工单元操作设备、化工过程系统和操作控制（如图2-5所示）。技术进步对节能贡献率达到40%～60%，是实现节能降耗最重要的措施。

（1）流程工艺

化工生产行业甚多，生产过程又相当复杂，因此，化工工艺过程节能的范围很广，方法繁多，生产工艺应采用先进的节能流程和新节能方法。工艺节能技术中首先是化学反应器节能，其次是分离工程节能。化学反应器节能主要体现为采用和开发高效催化剂。

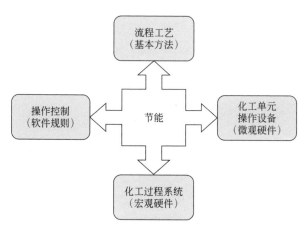

图2-5　节能渗透到生产各环节

　　催化剂是化学工艺中的关键物质。现有的化学工艺约有80%是采用催化剂的，而在新的即将投入工业生产的工艺中，约有90%采用催化剂。这样大大降低反应的温度和压力，达到节能效果。例如采用催化剂能高效地合成氨（如图2-6所示）。

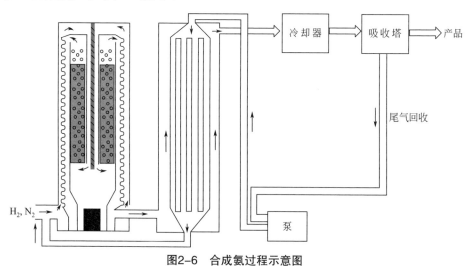

图2-6　合成氨过程示意图

（2）化工单元操作设备

化工单元操作设备种类很多，体现在微观硬件设备上，包括流体输送机械（泵、压缩机等），换热设备（锅炉、加热炉、换热器、冷却器等），蒸发设备，塔设备（精馏、吸收、萃取、结晶等），干燥设备等，每一类设备都有其特有的节能方式，例如对烟气余热再利用来加热锅炉给水，节能效果显著（如图2-7所示）。

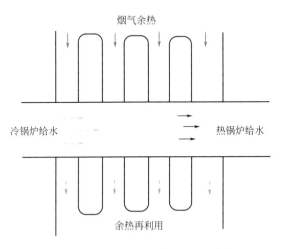

图2-7　余热在锅炉给水再利用过程

（3）化工过程系统

化工过程系统节能是指从系统合理用能的角度，对生产过程中与能量的转换、回收、利用等有关的整个系统所进行的节能工作，体现宏观硬件节能技术。以前的节能工作主要着眼于局部，但系统各部门之间存在着有机的联系。随着过程系统工程和热力学分析两大理论的发展及其相互结合与渗透，产生了过程系统节能的理论与方法，把节能工作推上了一个新的高度。

传统精馏塔流程能效低，换为双/多效精馏塔可大大提高效能。图2-8所示为一种多效精馏流程。如此流程安排使高压塔中温差可进一步减小，造成整个流程的总温差进一步降低。同时，单位加热量处理的料液量也进一步减少。多效精馏可节省能耗。

（4）操作控制

控制节能包括两个方面：一方面是节能需要操作控制；另一方面是通过操作控制节能。节能需要操作控制，通过仪表加强计量工作，做好生产现场的能量衡算和用能分析，为节能提供基本条件。特别是节能改造之后，回收利用了各种余热，物流与物流、设备与设备等之间的相互联系和相互影响加强了，使生产操作的弹性缩小，制定节能规范的软件控制规则，进一步从整体节能。

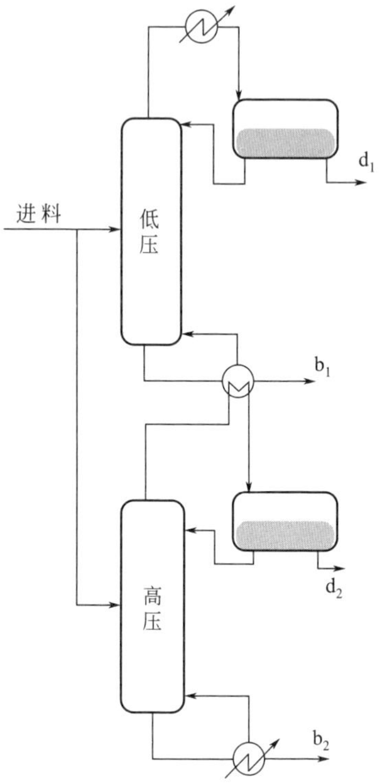

2.2.2　生产过程节能案例

图2-8　多效精馏塔

湖北沙隆达股份有限公司于2008年10月建成一条5万吨/年离子膜烧碱生产线后，就对原有的8万吨/年隔膜法烧碱生产线进行配套改造，2015年建成投产一套30万吨/年离子膜生产装置，将取代隔膜烧碱工艺，年可节约标准煤2万吨以上。不仅如此，在生产甲醛过程中，沙隆达将甲醛氧化过程中产生的大量反应热，经反应器夹套副产0.7兆帕的饱和蒸汽并入公司蒸汽供热管网供其他装置再利用，年产蒸汽达4万吨。在精馏稀甲醛回收甲醛过程中，塔釜排出的残液温度高，热量大，该公司采用换热器对进塔的甲醛利用这部分高温度残液进行预热，使塔内的稀甲醛不需用蒸汽预热，年节约蒸汽2万余吨。

2.3 化工行业节能减排实例

某化工总厂是中国特大型化工企业，主要生产氯碱和各种有机化工产品。工厂现有三套烧碱生产装置：隔膜电解（石墨阳极）装置，烧碱生产能力30千吨/年；水银电解装置，烧碱生产能力50千吨/年；离子膜电解装置，烧碱生产能力40千吨/年，于20世纪90年代初期建成。工厂烧碱总生产能力达到120千吨/年。离子膜电解工艺是目前世界上最先进的烧碱生产工艺，与水银法和隔膜法工艺相比，工艺技术先进、电耗低、污染物排放少，具有明显的节能、环保效果和社会经济效益。

（1）能源消费结构

该化工总厂能源消费总量相当于（以标准煤计）393.382千吨/年，其能源消费结构为电力50%、原煤34%。

（2）节能改造与环境效益

该化工总厂将部分老装置与公用工程改建为一套年产80千吨烧碱的离子膜电解装置，以取代现有的水银电解和隔膜电解装置。烧碱装置的总生产能力基本不变，但烧碱的生产能耗下降，其工艺技术可达到世界先进水平。

改造后，工厂每年可节约电量96.48吉瓦·时，相当于年节约能源39千吨（以标准煤计）。生产工艺的变化彻底根治了汞、石棉绒和铅对环境的污染。工厂每年减少汞排放9.5吨、石棉绒15吨，从根本上解决了工人因汞、铅和石棉绒中毒所引起的职业病，并改善了厂区周围居民的生活环境。

工厂由于节能每年可减少向大气排放二氧化碳11.6千吨，二氧化硫830吨，氮氧化合物450吨。该改造措施若在全国推广，预计年节能总量为720千吨标准煤，每年可减少温室气体排放量215千吨，因此在氯碱行业具有典型的节能环保示范意义。

（3）社会效益

项目实施后可根治汞、石棉绒和铅对环境的污染，年节约能源39千吨标准煤，节能、环保效果明显，社会效益良好。从能源消费结构可见，电力的消耗约占总能源消耗的50%，为主要消耗能源。电力能源主要消耗在电解制碱装置中，因此电解制碱装置为该项目的主要能耗工序。早期的隔膜电解装置和水银电解装置的工艺落后，为该厂高能耗的主要原因。上例项目中采用世界先进水平的离子膜电解装置，取得很好的节能效果。

小知识

2007年诺贝尔化学奖授予德国科学家格哈特·埃尔特（Gerhard Ertl），基于他对哈伯-博施法的研究。应用哈伯-博施法可以从空气中提取氮，这一点具有重要的经济意义。氮气（N_2）解离是非常困难的。现代合成氨就是运用哈伯-博施法，先制成1：3的氮氢混合气体，在高温高压下通过装有Fe系催化剂（触媒）的合成塔进行。

第3章 钢铁行业节能减排

钢铁企业主要以生产生铁、钢材、铁合金等高能耗产品为主，是一次能源和二次能源的消耗大户，其能源消耗量在全国能源总产量中占很大的比例。因此，对钢铁企业进行节能技术改造是钢铁行业节能工作的重点。钢铁企业工作车间见图3-1。

图3-1　钢铁企业工作车间

3.1 钢铁行业的特点与节能减排意义

3.1.1 钢铁行业的特点

钢铁材料是最重要的、使用量最大的基础性结构材料和功能材料之一，钢铁工业的高速发展，有力地支撑了我国城市化建设和工业化进程，成绩卓著。钢铁工业经过近几年的发展，取得了可喜的成绩。2013年，我国以7.79亿吨的粗钢产量位居世界第一，占全球粗钢产量的48.5%。我国已成为世界瞩目的钢铁大国，粗钢产量稳居世界首位（图3-2）。

在我国国民经济各组成部分中，钢铁工业是耗能大户，近年来在全国工业用能中的比例约为15%，而且有逐年上涨之势头。相对于钢铁工业用能增长的趋势，我国能源短缺问题却日益明显起来。我国钢铁产业的技术水平和物耗能耗水平与国际先进水平相比差距明显，面临技术升级和结构调整的压力。"十三五"期间，我国钢铁工业将进一步提高国际竞争力，加强技术创新，结构调整，联合重组，淘汰落后；将面临由大

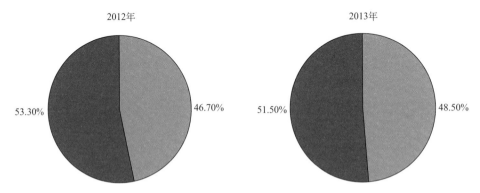

图3-2　我国2012年和2013年粗钢产量占世界产量比例

■中国粗钢产量比例；■其他国家粗钢产量比例

转强的关键时期，并实现由依赖资源高投入的传统生产模式向资源高效利用的循环经济生产模式转化。

应对能源紧缺，我国钢铁工业首先应从管理、技术等方面采取一系列有力措施，有效地节约能源，降低消耗，以保证钢铁工业的正常发展。中国钢铁工业的节能工作经历了20～30年的发展，吨钢综合能耗（全行业平均）从1980年的2.040吨（以标准煤计）降为2003年的0.770吨，下降率为62%，节能效果明显。然而，由于许多先进的节能技术尚未得到大规模推广，吨钢能耗仍比国外先进水平高出10%～20%。"十二五"期间，钢铁行业的吨钢综合能耗已经降到了（以标准煤计）580千克/吨以内，主要归功于节能减排技术进步促成的吨钢综合能耗下降。

我国钢铁生产和消费已成为全球中心，对世界钢铁业发展有着重要的影响。

3.1.2　我国钢铁工业能耗现状

钢铁生产为高温过程，其中间产品要经过多次加热和降温才能成为最终产品，消耗大量的能源和载能工质，能源费用约占钢铁生产成本的1/3。因此，积极地开发、研究和应用节能新技术，是维持钢铁工业可持续发展、提高钢铁企业的竞争力的重要途径。

钢铁工业的发展是一个国家实力的象征，也是国民经济发展的支柱产业。我国钢铁工业生产技术水平状况对全国节能减排工作状况的影响是很大的。所以，我们一定要科学地评述我国钢铁工业能源利用状况。钢铁工业节能成就是巨大的，代表着我国冶金科学技术成就。

我国在《京都协议书》上签字，承诺执行协议。"十二五"期间，共淘汰炼铁产能9089万吨、炼钢产能9486万吨。以干熄焦、干法除尘、烧结脱硫、能源管控中心为代表的节能减排技术在行业广泛应用。重点大中型企业吨钢综合能耗（以标准煤计）由605千克下降到572千克，优于国际先进水平，即吨钢综合能耗为687千克，而"十三五"的目标把钢综合能耗限为低于560千克/吨。我国很好地完成了在"京都协议书"上指定的国际上应承担的节能降耗的义务。

我国钢铁产业集中度低，冶金设备平均容量偏小，钢铁企业之间技术经济指标差距较大。有一批钢铁企业的相关工序能耗指标达到国际先进水平。据统计，2015年我国先进工序主要能耗如下：烧结工序能耗是（以标准煤计）42.17千克/吨，球团工序能耗是18.00千克/吨，焦化工序能耗为109.48千克/吨，高炉炼铁工序能耗356.23千克/吨，转炉工序能耗是–22.67千克/吨，电炉工序能耗44.5千克/吨，轧钢工序能耗为48.8千克/吨。但是，有一批应属于淘汰之列的落后冶金装备仍在生产，影响了我国钢铁工业技术进步和能源指标的改善。

全国钢铁工业消耗能源结构为煤炭占主要地位。国际上先进钢铁企业，如日本新日铁余热余能回收利用率已达到92%以上，其企业能耗费用占生产总成本的比例是14%。我国最先进的钢铁企业——宝钢的余热余能回收利用率在68%，其能耗占生产成本的20%。我国一般的钢铁联合企业余热余能回收利用率在30%～50%，其能耗占生产成本的30%～45%。因此，余热余能回收利用仍有较大的空间。

3.2　钢铁行业生产的主要工艺路线

把钢铁冶金全流程根据能源消耗和冶金功能划分为三个工序，即炼铁工序（包括烧结、球团、焦化和炼铁）、炼钢工序、轧钢工序。

钢铁的冶炼过程简单地说就是：采矿（获得铁矿石）→ 选矿（将铁矿石破碎、磁选成铁精粉）→ 烧结（将铁精粉烧结成具有一定强度、粒度的烧结矿）→ 冶炼（将烧结矿运送至高炉，热风、焦炭使烧结矿还原成铁水及生铁，并脱硫）→ 炼钢（在转炉内高压氧气将铁水脱磷、去除夹杂，变成钢水）→ 精炼（用平炉或电炉进一步脱磷、去除夹杂，提高纯净度）→ 连铸（热状态下将钢水铸成具有一定形状的连铸坯，也叫钢锭）→ 轧钢（将连铸坯轧制成用户要求的各种型号的钢材，如板材、线材、管材等）。

钢铁生产过程包括从矿石原料的冶炼至生产出钢材的各个工序，大体可分为炼铁工序、炼钢工序和轧钢工序。我们把这种生产过程叫作钢铁联合生产过程。用这种过程生产钢材的企业叫作钢铁联合企业。

钢铁联合生产过程，除了上述三个主要过程外，还需要原料处理、炼焦、煤气、蒸汽、电力、水、运输等辅助。在某些联合企业中，还把矿山开采、选矿等工序也包括在内。

下面就对三个主要工序做简要介绍。

（1）炼铁工序

现代钢铁联合企业的炼铁工序，是由高炉、烧结机和炼焦炉为主体设备构成的。其核心是高炉，其中包括热风炉和鼓风等辅助设备。这些设备在生产生铁的同时，还产生大量的煤气和其他副产品，可以在能源、化工原料、建筑材料等部门得到广泛的综合利用。

（2）炼钢工序

炼钢工序的主要目的是把从来自高炉的铁水配以适量的废钢，在炼钢炉内通过氧化、脱碳及造渣过程，降低有害元素，冶炼出符合要求的钢水。

目前炼钢的方法主要有三种，即平炉炼钢法、转炉炼钢法、电炉炼钢法。其中氧气顶吹转炉和电炉炼钢发展得较快。特别是纯氧顶吹转炉炼钢法，由于在生产产品质量及成本等方面的优越性，被广泛采用。采用这种炼钢工序主要包括三个过程，即原料预处理过程、吹炼过程、铸锭或连铸过程。

近十几年来，随着科学技术的发展，使钢铁生产过程朝着连续、高速和大型化方向发展。在钢液处理方面逐步采用连续铸钢法（简称连铸）代替传统的铸锭开坯法。所谓连铸就是将钢液直接冷却，凝固成符合轧材规格需要的方坯或板坯。这种方法的最大的特点是省去了初轧工序，因此在提高金属收得率、生产效益，降低能耗等方面，优点是很明显的。

（3）轧钢工序

轧钢工序是把符合要求的钢锭或连铸坯按照规定尺寸和形状加工成钢材的工序。轧制是利用塑性变形的原理将钢锭或连铸坯放到两个相向旋转的轧辊之间进行加工。

轧钢工序比较复杂，每个联合企业由于生产的最终产品不同而设置不同的轧钢工序。

3.3 钢铁行业节能减排重点

3.3.1 节能技术

炼铁工序能耗占转炉炼钢总流程的88%左右，而在该工序中，单独高炉炼铁占转炉钢总流程的58%，所以从技术的角度而言，钢铁冶金节能应该重点放在炼铁工序，特别是高炉工序。目前主要发展的技术有精料技术、提高热风温度、干法熄焦（CDQ）技术、高炉炉顶余压发电

（TRT）技术、增加高炉原料球团的比例技术以及高炉喷煤技术。

炼钢工序中可采用：转炉负能炼钢技术，铁水预处理技术，连铸坯的热送、热装和直接轧制以及短流程的电炉工艺。

轧钢工序中可采用公认的节能技术——蓄热式燃烧技术，该技术的优势在于可以用低热值、低价的高炉煤气代替焦炉煤气或重油。

如果同时采用干熄焦技术，TRT技术，高炉喷煤技术，球团技术，转炉负能炼钢技术，连铸坯的热送、热装和直接轧制这6项新技术，可使吨钢能耗（以标准煤计）降低132.27千克/吨。

3.3.2 余热、余压、余能回收利用技术

（1）高炉炉顶余压发电（TRT）技术

该技术利用炼铁高炉炉顶余压发电，是一种不消耗燃料、无污染的发电设备。气流带动发电机输出电力，一般可回收高炉鼓风机所需能量的25%～30%。吨铁可发电20～40千瓦·时，降低工序能耗8～16千克标准煤。在高炉TRT技术中，干式TRT除尘技术和余压发电技术结合，可提高煤气余压发电效果。高炉炉顶余压发电（TRT）技术流程见图3-3。

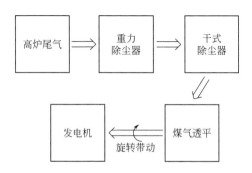

图3-3　高炉炉顶余压发电（TRT）技术流程图

（2）高炉煤气综合利用技术

高炉煤气热值约800～1000千卡❶/立方米，吨铁可得到3500～4000立方米的煤气。根据企业实际情况选择适用的途径，充分综合利用高炉煤气是节能降耗的一项重要措施。目前钢铁企业应用途径有：锅炉燃料（其中有纯烧高炉煤气锅炉）、燃气轮机（其中有纯高炉煤气燃气轮机）、各种工业炉窑用燃料、蓄热式燃烧技术用混合煤气燃料等。

（3）转炉煤气回收利用技术

转炉炼钢过程中，炉内产生大量转炉煤气（80～90立方米/吨），转炉煤气具有很高的显热（1400～1500℃）和潜热（CO 60%～90%，热值2000千卡/立方米左右），充分利用其显热、回收其潜热，节能效果显著。转炉煤气回收技术主要有OG法和LT法，主要包括：转炉煤气回收、净化技术、安全监测技术、自动计量及控制技术等。回收的煤气可用于合金烘烤、烤包、工业炉窑，也可与焦炉煤气、高炉煤气混合使用。实现转炉煤气回收后，可使炼钢能耗平均下降11.3千克/吨。

余热回收原理见图3-4。高效余热发电装置一般流程见图3-5。

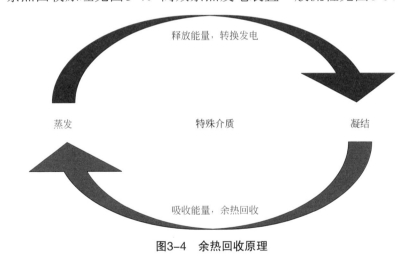

图3-4　余热回收原理

❶　1千卡=4185.85焦。

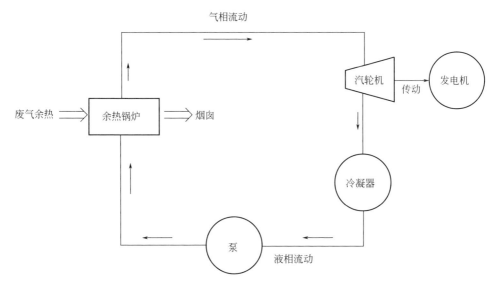

图3-5 高效余热发电装置一般流程

（4）工业炉窑综合节能技术

冶金行业有大量的加热炉和热处理炉窑，近年来相关节能技术发展较快。主要包括：①合理的炉型曲线设计；②不定型耐火材料应用；③新型燃烧装置选择及布置方式；④高效烟气余热换热器；⑤计算机控制技术应用等技术改造。采用蓄热燃烧技术后，加热炉燃耗降低约30%，锻造炉节能50%，罩式炉节能40%，钢包烘烤器节能50%。采用高温空气燃烧技术，可减少炉子尺寸，降低投资；延长炉子的寿命；减少氧化烧损，提高工件的加热工艺质量；降低燃料消耗。

（5）干熄焦技术

在冶金焦炉中，利用惰性气体将红焦冷却熄灭，并回收其热量，即为干法熄焦。干法熄焦与用水直接进行湿熄焦相比，具有回收焦炭显热、改善焦炭质量和防止污染环境等优点，红焦的80%显热被回收利用，每吨焦炭余热可生产0.4～0.5吨的中压蒸汽，不向大气排放含有焦粉、焦油、腐蚀性物质的脏蒸汽，焦炭强度得到提高，可降低焦比，提高产量，余热蒸汽可带动发电机发电，节能效益显著。

3.4 钢铁行业节能减排实例

如前面所叙述，钢铁冶金全流程根据能源消耗和冶金功能划分为三个工序，即炼铁工序、炼钢工序、轧钢工序。其中炼铁工序能耗占转炉炼钢总流程的88%左右，而在该工序中，高炉炼铁占总流程的58%，所以就节能应该重点放在炼铁工序，特别是高炉工序。另外，炼钢工序和轧钢工序也有相当的节能潜力。某厂针对各流程工序采用多种节能技术和能源回收技术。

3.4.1 能源结构

每年需购入的能源总量为710万吨标准煤。主要购入的能源介质为洗精煤、喷吹煤和动力煤，分别占购入能源总量的57%、25%和17%。

3.4.2 节能措施

建立能源管理中心，完善能源管理体制和手段，提高能源管理水平。实现合理、安全、有效的能源供应，使得能源相互转换，互为补充，达到降低消耗、节约能源的目的。

采用大型化、连续化、现代化的技术装备，各主体工艺采用的主要节能措施分述如下。

（1）球团工序

① 最大限度地利用环冷机冷却废气的余热。

② 选用高效节能设备，较大功率电动机一律采用高压供电。

（2）焦化工序

① 回收焦炉煤气，每年回收焦炉煤气 $2395×10^4$ 吉焦，折标准煤82万吨。

② 配套建设干熄焦装置，有效利用红焦显热。每年回收蒸汽170万吨，可发电 $19253×10^4$ 千瓦·时，折标准煤27万吨。

③ 采用热值仪和磁氧分析仪，分别测定和调节加热煤气热值和废气中含氧量，以稳定加热制度，合理燃烧，减少炼焦耗热量。

④ 蒸氨工段、粗苯蒸馏工段有效利用生产过程中的热源，采用蒸氨废水/氨水、贫油/富油换热，提高最终换热温度，节省了蒸汽、循环水用量。

⑤ 设置废热锅炉回收废液燃烧炉产生的高温过程气中的余热，产生的蒸汽并入管网。

（3）高炉工序

① 回收高炉煤气，每年回收高炉煤气 $4199×10^4$ 吉焦，折标准煤143万吨。

② 煤气清洗采用干式除尘，设置干式TRT发电装置，可比湿式TRT发电装置发电量提高30%。

③ 回收热风炉烟气余热，用以预热助燃空气及煤气，提高热风炉热效率和送风温度。

（4）炼钢工序

① 转炉烟气净化采用干法除尘，以节约用水；设置转炉煤气回收系统，每年回收转炉煤气 $841×10^4$ 吉焦，折标准煤29万吨。

② 转炉设置汽化冷却装置，利用烟气余热产生蒸汽回收利用能源，

每年回收蒸汽 82 万吨，折标准煤 9 万吨。

③ 转炉采用副枪和炉气分析结合的动态控制模型，提高终点命中率，降低氧耗，缩短冶炼周期。

④ 转炉一次除尘风机采用变频调速，与不调速风机比较，年可节省电力约 3057×10^4 千瓦·时。

（5）热轧工序

① 采用蓄热式节能型步进梁式加热炉，节约燃料 10% 以上。

② 均热段上加热采用炉顶平焰烧嘴供热，以保证钢坯表面及中心的温度均匀性；其他段采用低 NO_x 可调烧嘴，使燃料完全燃烧。NO_x 排放量低，同时保证坯料均热，有效节能。

③ 每座步进梁式加热炉采用两台助燃风机及一台稀释风机，当低产或保温时，只开一台助燃风机，节约用电。

④ 水梁立柱采用双层绝热包扎，炉衬采用复合炉衬及高效保温材料，减少热损失，降低能耗。同时水梁立柱采用汽化冷却，回收蒸气。

⑤ 采用计算机控制，坯料的热工控制和传送运行控制实现全自动化，提高加热质量，节约能源，改善劳动条件。

（6）冷轧工序

① 退火炉利用废气余热将辐射管内燃烧空气自身预热到约 400℃。

② 退火炉利用废气余热加热保护气体，再用热保护气体喷射预热带钢，将带钢预热到约 200℃。

（7）自备电厂

充分利用富余煤气，建设煤-气混烧的 350 兆瓦大型发电厂，提高热效率；最大限度地提高废气、余热的综合利用水平，实现钢铁基地煤气"零"排放，达到节能降耗目标。

3.4.3 能源绩效分析与评价

某钢铁厂每年回收的能源相当于$337×10^4$吨标准煤，其中高炉煤气、焦炉煤气、转炉煤气和电（TRT/CDQ）分别占42.5%、24.3%、8.5%、11.5%/13.2%。

企业每年购入能源为710万吨标准煤，外调能源为73万吨标准煤，自耗能源为637万吨标准煤。考虑扣除外销球团消耗的能源，企业吨钢综合能耗（以标准煤计）为0.628吨，吨钢可比能耗为0.625吨，低于《钢铁产业发展政策》要求的新建钢铁联合企业吨钢综合能耗低于0.7吨。从能耗指标来看，处于国内领先水平。

上述新建钢铁厂节能技术从主要耗能的高炉工序入手，对高炉煤气、焦炉煤气和转炉煤气进行了充分回收利用，大大降低能耗，回收节约了近47%的能源消耗，取得很好的节能效果。

> **小知识**
>
> 《京都议定书》（Kyoto Protocol，也译为《京都协议书》《京都条约》，全称《联合国气候变化框架公约的京都议定书》）是《联合国气候变化框架公约》（United Nations Framework Convention on Climate Change，UNFCCC）的补充条款。《京都议定书》1997年12月在日本京都由联合国气候变化框架公约参加国三次会议制定，其目标是"将大气中的温室气体含量稳定在一个适当的水平，进而防止剧烈的气候改变对人类造成伤害"。《京都议定书》的签署是为了使人类免受气候变暖的威胁。

第4章　建材行业节能减排

　　建筑材料工业是为国民经济提供建筑材料和各种非金属产品的原材料工业部门，是我国重要的基础原材料工业，包括建筑材料及其制品、无机非金属矿及其制品、有机新材料三大部分。其中建筑材料及其制品主要为建筑钢材、铝塑等，无机非金属矿及其制品主要为水泥、平板玻璃及地板

图4-1　生活中的建材材料

地材、玻璃纤维、陶瓷制品等，有机新材料主要为PVC异型材、耐火材料、轻质材料、防水材料等一些新型建筑材料等。建筑、军工、环保、高新技术产业和人民生活等都需要用到建材（图4-1），因此，建材在国民经济发展中占有重要的地位和作用。

4.1 我国建材行业发展现状

我国建材行业发展迅速，门类比较齐全，规模巨大，品种基本配套。建材行业有80余类、1400多个品种和规格的产品，主要产品为水泥、平板玻璃、建筑卫生陶瓷以及石墨、滑石等部分非金属矿产品，在国际市场也是具有一定国际竞争力的重要原材产业。由于我国经济迅速发展和国家政策支持，建材行业得到飞速发展。据统计，建筑水泥、玻璃、陶瓷等发展速度高于国民经济发展速度4%左右。

在"十二五"期间，我国建材行业销售规模突破了7万亿元，累积达到29万亿元，但整个行业规模以上企业的主营业务收入同比增速表现出了持续下滑的状态。2015年，我国建材行业规模以上企业的全年利润总额为4492亿元，低于2014年4770亿元，同比增速出现了负增长，这也是自20世纪90年代以来我国建材市场第一次出现利润负增长。社会固定资产对建材工业的投资在2014年后也呈现了下滑的态势。与建材工业发展最为密切的下游房地产行业，2014年及2015年房屋新开工面积同比增长率均出现了负增长的局面，并且在2015年年初负增长率达到了−17.7%，直到2016年年初才打破了负增长的局面，增速达到13.7%，随后增速虽出现了小幅度下降但还是保持在12%以上。同样房屋施工面积与商品房销售面积均呈现了相同的走势。

近五年来，新型建筑材料的产值以每年20%以上的速度发展。从国家宏观经济环境上分析，未来20年仍将是经济的高增长时期。根据对房地产、建筑、建材等相关行业的发展势头的预测和判断，到2020年，中国还将建设300亿平方米建筑，新型建筑材料作为建筑材料工业调整产业结构和转变经济增长方式的战略重点，具有广阔的发展前景。

建材行业的主要产品大都是用工业炉窑经燃烧、焙烧、熔融、烘烤等热加工过程制造出来的，所以建材工业有窑业之称，作为传统行业的建筑业，具有"两高一资"的特点，其中一高为高耗能。据统计，建材工业能耗总量占全国能耗总量和工业部门能耗总量的7%和10%，因此成为国家备受关注的行业。

对于建材工业涉及的20多个行业，其中水泥、平板玻璃、石灰、建筑陶瓷、轻质建材等6个行业为高耗能行业。这些行业的万元增加值综合能耗高于全国工业平均水平，其能耗占建材工业总能耗的89%。建材工业中的玻璃纤维增强塑料、建筑用石、云母和石棉制品、隔热隔声材料、防水材料、土砂石开采、技术玻璃、水泥制品等行业万元增加值综合能耗低于全国GDP能耗。

4.2　建材产品能源单耗与国际先进水平的比较

（1）水泥产品能源单耗比较

以水泥生产为例，每生产1千克水泥熟料，日本的耗能量为2888千焦，而我国高达3555千焦，总体能耗高出23%以上。

到20世纪90年代，我国的水泥工业取得了很大成绩。由建国前的35家水泥厂，年产66万吨水泥，发展到6400多家水泥厂，1989年的产量达到21000万吨，跃居世界第一位。

（2）平板玻璃能源单耗比较

1988年我国平板玻璃生产企业平均每重量箱耗标准煤为31.5千克，比日本1983年全国水平高86.5%，比英国皮尔金顿公司、美国PRG公司高出1倍多。

（3）砖瓦

1988年我国砖瓦产量的95%为黏土实心砖，年产量达到4700亿块，总能耗大约56100万吨标准煤，占建材工业总能耗的53%。国外以生产空心砖为主，而且生产技术先进，因此每立方米砖瓦产品的能耗，我国比国外要高好几倍。

目前，建材工业能源综合消耗比国外先进水平高20%～50%，我国建材生产能源消耗情况虽然有所改善，但总体上仍迫切需要加强节约能源消耗的力度。

工信部发布来源为节能与综合利用司的"关于印发《绿色制造2016专项行动实施方案》的通知"，通过实施该专项行动，预期实现进一步提升部分行业清洁生产水平，预计全年削减化学需氧量8万吨、氨氮0.7万吨。从节约能源法的制订和修订到目前政府对节能减排工作的推进与行政管理，都充分说明了能源问题的严重性。毫不夸张地说，节能是我国原料特别是高温窑炉材料产业发展的永恒主题。国家经济主管部门正在制定各项工业产品的能耗限额标准。

在建材行业中大力开展能源审计工作及科普工作对该行业的发展有重要意义：第一，促进建材企业充分认识加强节能工作的重要性，发挥能动性和创造性，强化经营管理人员和广大员工的节能意识，模范遵守《中华人民共和国节约能源法》等法律、法规和产业政策；第二，促进建材行业加快用先进生产工艺取代落后生产工艺的步伐，从基本建设、技术改造、基础管理、生产运行等各个环节贯穿节能降耗、降低成本、提高效益的经营理念；第三，便于环保局或建材协会等政府部门对建材生产企业用能的监督与管理，促进社会经济生产中的能源优质调配节约使用。

4.3　建材行业设备节能重点

（1）燃煤工业锅炉（窑炉）

工业窑炉每年的煤耗量是3亿多吨，主要集中在建材行业和冶金行业。我国的窑炉现状见表4-1。

表4-1　我国的窑炉现状

项目	数量	年耗煤量	平均能效与国外先进水平相比
水泥窑	约7800座	1.6亿吨	低20%以上
墙体材料窑炉	约10万座	6400万吨	低30%以上
钢铁工业窑炉		6600万吨	低50%以上
石灰热工窑炉	约350座		低10%
耐火材料热工窑炉	1900余座		低10%～20%

工业窑炉存在的主要问题：

① 技术水平低，装备陈旧落后，规模小。

② 能耗高，大部分缺乏污染控制设施，污染严重。

③ 运行管理水平低，管理粗放。

④ 缺乏能效标准和节能政策。

措施：

① 淘汰改造立窑、湿法窑及干法中空窑等落后水泥窑。

② 采用低压旋风预热分解系统、保温耐用新型炉衬材料、高效燃烧器、高效熟料冷却机、生产过程自动控制与检测系统等技术对现有水泥生产线进行综合节能改造。

（2）加强推进余热余压利用工程

我国建材行业的余热余压以及其他余能没有得到充分利用，如焦化企业的焦炉气等可燃副产气，大量放空，造成能源的严重浪费，同时也污染了环境。我国通过制定相关法律规定强制关闭污染严重的开放式小焦炉等配套措施，保障相关建材生产且余热余压得到充分利用。

（3）开展节约和替代石油工程

在建材方面，有条件的地区以天然气、煤层气、水煤浆、乳化油、石油焦替代重油，推广玻璃熔窑富氧或全氧燃烧技术，有条件且煤价较低的建筑卫生陶瓷企业使用焦炉煤气代油，对大中型建材企业进行节油、代油改造。绿色能源替代传统能源如图4-2所示。

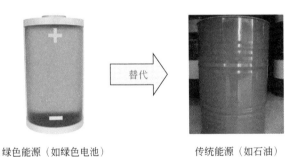

绿色能源（如绿色电池）　　　　传统能源（如石油）

图4-2　绿色能源替代传统能源

（4）电机系统

我国80%以上的电机生产效率比国外先进水平低2%～5%，虽然国产高效电机和国外先进水平相当，但价格高、市场占有率低；电动传动调速及系统控制技术落后；系统匹配不合理，"大马拉小车"现象严重；

系统调节方式落后。解决方法：更新淘汰电动机高耗电设备，优化电力系统匹配，改善传动和通风设施，充分利用和节约电能。

（5）能源管理系统

为了使能源管理工作科学化、制度化，企业必须根据实际情况建立配套能源管理制度，完善并使企业节能管理机构有效运作，持续进行节能管理是开展能源审计及节能减排的重要工作之一。

4.4 建材行业节能减排技术重点

我国建材行业总体上仍较为落后，资源利用率低，能源消耗高，环境荷重，与世界先进水平相比仍有较大差距，我国建材工业节能减排形势还十分严峻，评估节能减排先进适用技术对我国建材工业节能减排工作非常重要。

在水泥行业中，不断自主创新，提高关键生产技术及装备的国产化，缩小与国外先进水平的差距；加强污染物治理及温室气体技术的研发，努力将对大气的污染及影响控制到最低；加快对废弃物资源化利用相关技术的研发，促进水泥行业的快速、可持续发展。

玻璃行业中，发展先进的浮法工艺，淘汰落后的垂直引上和平拉工艺，推广窑炉全保温技术、富氧和全氧燃烧技术等。

在建筑卫生陶瓷行业中，推广辊道窑技术，改善燃烧系统。发展原料干法制粉工艺技术，连续球磨工艺技术，陶瓷砖塑性挤压成型工艺技术、球磨机、风机等装备节能改造技术，陶瓷生产过程中的低温技术，窑炉、喷雾干燥塔能源高效循环利用技术，薄型建筑陶瓷砖（板）生产及应用配套技术，轻量化节水型陶瓷生产及应用配套技术。积极开发新型墙体材料以及优质环保节能的绝热隔声、防水和密封材料。

4.5 水泥行业节能减排

南雄市彤置富水泥生产全景及实景如图4-3。水泥厂生产一角如图4-4。

从已经审计过的企业情况看，水泥企业能源审计工作非常必要。节约的潜力非常大，任何一个企业都有节约潜力。主要浪费表现在能源、物资的管理不善，耗能设备运转效率低和生产工艺结构或产品结构不合理。能源、原材料和其他物资不合理流失浪费少则几十万元，多则几百万元、几千万元。这方面的例子是非常多、非常惊人的。

水泥生产使用的原料主要为石灰石、硅铝质原料和铁质原料，水泥生产过程中使用的新鲜水（含自来水、地下水、地表水，但不包括重复使用和循环利用水量）主要用于设备冷却。照石灰石占原料80%估算，若我国熟料产量11.8亿吨，熟料生产原料使用量约为17.7亿吨，其中石灰石约为14.7亿吨，硅铝质原料约为2亿吨，铁质原料约为0.6亿吨，我国水泥工业每年消耗的天然矿产资源量十分巨大。水泥生产中的新鲜水消耗量企业间差异较大，采用余热发电的企业耗水量相

图4-3 南雄市彤置富水泥生产全景及实景

图4-4　水泥厂生产一角

对较高。我们知道任何一种工业产品的生产工艺流程都是若干耗能工序和一些耗能设备组成的，按照一般的划分可以将一个企业的能源系统分为主要生产系统、辅助生产系统和附属生产系统。部分水泥生产工序设备如图4-5所示。

现代化的水泥生产工艺主要耗能工序如图4-6所示。根据水泥生产的工艺流程将水泥生产分为采矿及矿石破碎、生料制备、生料均化、熟料煅烧、水泥制成五大主要工序。生产过程节能减排技术是指产品生产过程中降低物耗、能耗，如采用低能耗、低污染的新工艺与新技术。

(a) 立磨

(b) 余热发电和除尘设备

(c) 旋转窑

图4-5

(d) 球磨

(e) 预热塔架

(f) 分解炉

图4-5 部分水泥生产工序设备

图 4-6　现代化的水泥生产工艺主要耗能工序

（1）采矿及矿石破碎

在水泥的生产过程中，需要大量的原料，但是原料矿石体积庞大，需要研碎，在这过程中需要消耗大量的能量，其中破碎设备以及破碎技术的改进能使水泥生产过程的能量消耗大大降低。

（2）生料制备

早期的磨粉机一般为管磨机，管磨机的能效较低，后来将烘干与粉磨两者结合在一起，组成烘干兼粉磨系统。目前应用最广泛的是钢球磨系统，与传统管磨机或球磨机相比，钢球磨系统可以使工序能耗降低30%以上。

（3）生料均化

20世纪50年代以前，水泥工业均化生料的方法主要依靠机械倒库，不仅动力能耗大，而且均化效果不好。之后出现了多料流式均化库，水泥工业均化生料的效率得到提高。目前，配套大型预分解窑生产线都是多料流式均化库。

（4）熟料煅烧

熟料煅烧工序的能耗是水泥生产能耗的主要环节，它与所采用的生产工艺有极大关系。国内早期水泥生产多为立窑水泥生产线。立窑的问题主要是单机产量低、熟料质量不稳定。其耗能问题不明显，因为立窑的吨水泥电耗较低，但热耗略高。由于湿法水泥生产的能耗高问题，使得一些早期半湿法水泥生产工艺得到发展，其中最著名的是立波尔窑。水泥生产革命性的改进是新型干法水泥生产工艺的出现，它以悬浮预热和窑外分解技术为核心，现在已是我国水泥生产的主要设备和技术。

（5）水泥制成

水泥制成工序的能耗指标与最终水泥产品种类有关。其主要能耗设备是水泥熟料的粉磨设备。早期的熟料粉磨设备主要是管球粉磨系统，通常分为开路粉磨系统和闭路粉磨系统。闭路粉磨系统的能耗指标较开路粉磨系统低。现在水泥制成节能技改思路通常是增加一台辊压机，将原粉磨系统改为挤压粉磨系统，可确保产品质量。

4.6 陶瓷行业节能减排

建筑陶瓷主要指陶瓷砖，是由黏土和其他无机矿物为主要原料生产的，用于建筑物墙面和地面覆盖装饰的板状陶瓷制品。通常采用挤压、干压等，干燥后，在满足性能要求的温度下烧制而成。主要种类有釉面砖、玻化砖、马赛克、干挂空心陶瓷板、超薄陶瓷板、轻质陶瓷砖、劈离砖等。大多数陶瓷工业，主要生产工艺为：原料均化、球磨、放浆过筛、除铁喷粉、成型、干燥烧成、抛光、分级、包装进仓。建筑陶瓷生产中各工序能耗占总生产能耗比例如图4-7所示。陶瓷生产中能量消耗最多的是烧成及喷雾制粉工序。

以单位合格品产量表示的建筑陶瓷产品综合能耗，其中包括生产直接消耗的能源量，以及分摊到该产品的辅助生产系统、附属生产系统的能耗量和体系内的能源损失量等间接消耗的能源量。陶瓷工业是能源、资源密集型产业。能源消耗主要用于烧成（热耗）、制粉（热耗）、坯体烘干（热耗）、原料粉碎（电耗）、陶瓷砖坯压制（电耗）、抛光砖抛光（电耗）等工序。生产建筑陶瓷的燃料主要用于制粉、坯体干燥和烧成。产品的单位燃耗主要取决于不同的产品材质、尺寸及厚度；不同的生产

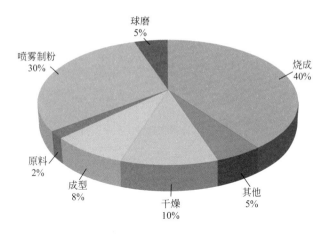

图4-7　建筑陶瓷生产中各工序能耗占总生产能耗比例

工艺和参数，产品的能源消耗构成也不同。电能用于球磨机、抛光线、风机和空压机等设备。陶瓷生产节能主要在电能利用、水资源利用和用油系统这三方面的节能。

对生产用水的计量考核基础较差。目前，多数陶瓷生产企业用水量只能采用平均分摊的方法，这样，自然存在着不合理的地方。对生产用水的考核就会存在不公平的现象，难以激发员工节约用水的积极性和责任感。往往使能源审计对生产用水的审计出现困难，建议尽快建立生产用水的三级计量制度。

重油和柴油被许多陶瓷企业用作加热燃料，其中重油用于烧成工序的窑炉，柴油主要用于炉预热及车辆、发电机。窑炉的重要功能是将砖坯经一定的温度和时间，然后烧成成品，因此，陶瓷生产热能消耗主要是干燥烧成这一工序。在生产过程中为了节省干燥窑用燃油，可以采取多种方法，如陶瓷企业可联系当地相关检测部门，协助检测窑的热效率、产品燃油单位燃烧的排烟温度、流量等数据，详细分析后对窑炉输入的各项送风（助燃、雾化、急冷）设备的送风口采取加装过滤器防止灰尘入窑等改造措施。

绿色建材：又称生态建材、环保建材和健康建材，指健康型、环保型、安全型的建筑材料，在国际上也称为"健康建材"或"环保建材"。绿色建材不是指单独的建材产品，而是对建材"健康、环保、安全"品性的评价。它注重建材对人体健康和环保所造成的影响及安全防火性能。它是具有消磁、消声、调光、调温、隔热、防火、抗静电等性能的特种新型功能建筑材料。绿色建材是采用清洁生产技术、少用天然资源和能源、大量使用工业或城市固态废物生产的无毒害、无污染、无放射性、有利于环境保护和人体健康的建筑材料。在国外，绿色建材早已在建筑、装饰施工中广泛应用，在国内，它多作为一个概念刚开始为大众所认识。现已有采用清洁生产技术，使用工业或城市固态废弃物生产的建筑材料。中国目前已开发的"绿色建材"有纤维强化石膏板、陶瓷、玻璃、管材、复合地板、地毯、涂料、壁纸等。如防霉壁纸，经过化学处理，排除了发霉、起泡滋生霉菌的现象；环保型内外墙乳胶漆不仅无味、无污染，还能散发香味，并且可以洗涤、复刷等；环保地毯既能防腐蚀、防虫蛀，又具有阻燃的作用；复合型地板是用天然木材，经进口漆表面处理而制成，具有防蛀、防霉、防腐、防燃、不变形特点。总而言之，绿色建材是一种无污染、不会对人体造成伤害的装饰材料。

第5章　电镀行业节能减排

电镀是通用性强、使用面广、跨行业、跨部门的重要工业加工行业。它不仅可以装饰和保护很多工业产品，而且某些特殊的功能性镀层能满足电子等工业和某些尖端技术的需要，是现代制造业生产链中不可或缺的行业。但是，电镀行业也是资源消耗大、环境污染严重的行业。而且，有很多电镀企业为了节约成本，不负责任地把毒性大、危害严重的电镀废水（含大量重金属污染物、表面活性剂、有机物等）直接排放出来，

(a)

图5-1

(b)

图5-1　电镀行业的镍在线回收系统（a）和废水自动回收利用系统（b）

对环境造成了巨大危害。因此，在面临如此严重的环境污染和能源危机时，电镀行业必须要走可持续发展道路，由传统电镀走向绿色电镀。图5-1所示为电镀行业的镍在线回收系统和废水自动回收利用系统。

5.1　电镀行业的特点与节能意义

5.1.1　电镀行业的特点

电镀是指在含有欲镀金属的盐类溶液中，以被镀基体金属为阴极，通过电解作用，使镀液中欲镀金属的阳离子在基体金属表面沉积出来，形成镀层的一种表面加工方法。镀层性能不同于基体金属，具有新的特征。根据镀层的功能分为防护性镀层、装饰性镀层及其他功能性镀层。图5-2为电镀的工作原理图。

电镀分类：若按镀层的成分则可分为单一金属镀层、合金镀层和复合镀层三类；若按用途分类可分为防护性镀层、防护性装饰镀层、装饰

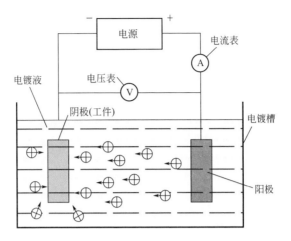

图5-2　电镀工作原理图

性镀层、修复性镀层和功能性镀层。

镀铜、镀铬和镀银制品如图5-3所示。仿金镀层（Cu-Zn-Sn）和锌合金（Zn-Ni-Cr）镀层制品如图5-4所示。电镀Ni、Cr、Fe层修复高造价易磨损件或加工超差件如图5-5所示。

(a) 镀铜

图5-3

(b) 镀铬

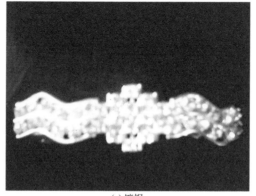

(c) 镀银

图5-3　镀铜、镀铬和镀银制品

(a) 仿金(Cu-Zn-Sn)镀层

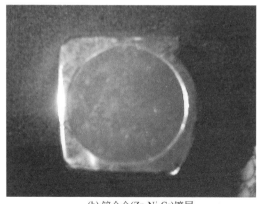

(b) 锌合金(Zn-Ni-Cr)镀层

图5-4　仿金（Cu-Zn-Sn）镀层和锌合金（Zn-Ni-Cr）镀层制品

图5-5　电镀Ni、Cr、Fe层修复高造价易磨损件或加工超差件

电镀工艺流程如图5-6所示。

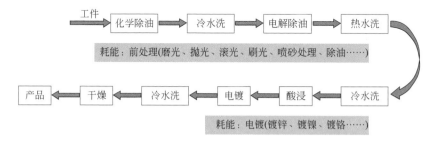

图5-6　电镀工艺流程

工业上常见的电镀生产选择工艺设备或生产线时应该同时考虑保证工艺质量、完成产量指标、经济效益及节能环保四个方面。生产量不大

的车间手工操作时可采用固定槽和滚镀机。大批量生产时，则应尽可能采用自动生产线或自动机以提高生产效率。电镀全自动生产线如图5-7所示。

5.1.2 我国电镀行业近年发展

20世纪80年代以来，我国电镀企业的数量增长很快。图5-8为电镀

图5-7 电镀全自动生产线

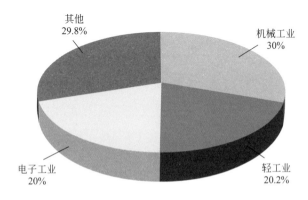

图5-8 电镀企业集中分布的工业部门

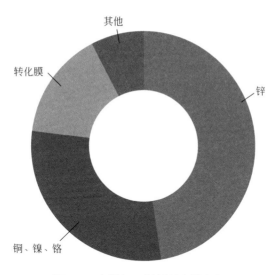

图5-9　电镀加工材料所占的比例

企业集中分布的一些工业部门，机械工业占30%，轻工业占20.2%，电子工业占20%，这三个工业部门总计占整个电镀行业的70%以上，其余主要分布在国防工业及仪器仪表工业。我国电镀加工中涉及量最广的是镀锌、镀铜、镀镍、镀铬，其中镀锌占45%～50%，镀铜、镀镍、镀铬占30%，转化膜占15%，电子产品镀铅、镀锡、镀金约占5%（图5-9）。

但与此同时，部分电镀产品市场逐步被塑料制品和涂料制品取代，使生产能力增加和市场需求减少之间的矛盾变得更加尖锐。

预计在近期内，电镀产品的市场总需求将保持相对稳定，应尽快削减本行业过剩的生产能力，在行业内进行结构调整。

未来我国电镀工业的发展趋势基本可归纳为以下四点：①装饰性和高抗蚀性工艺技术将不断发展；②某些传统装饰性电镀可能被喷涂、物理气相沉积等取代，功能性电镀产品需求则有上升的趋势；③某些污染严重的电镀工艺，可能被清洁的电镀工业所取代，如无氰电镀、三价铬钝化、三价铬镀铬、代镉、代铬镀层将有上升的趋势；④某些性能好、无污染的表面工程的高新技术将会进入我国市场，如达克罗（Dacrotized）涂层、克罗赛（Corrosil）工艺等。

5.1.3 电镀行业能耗的现状

电镀是金属表面改性的一个重要工艺，也是耗能大户。一座小型电镀厂日耗电为3万～5万千瓦·时，耗煤20～30吨，再加上后处理的污水及废弃物的处理更是一项耗能工程。根据对部分电镀企业的能耗、物耗和水耗进行的调查，部分结果列于表5-1和表5-2中。

表5-1　几种主要镀种的国际国内物耗水平比较

名　　称	国际平均水平	国内平均水平
镀锌的物料利用率	90%	65%
镀镍的物料利用率	90%	75%
镀铬的物料利用率	24%	10.50%

表5-2　电镀工业国际国内水耗比较

国外报道	国内先进水平	国内平均水平
0.08吨/米镀件	0.8吨/米镀件	3.0吨/米镀件

从表5-1和表5-2中的数据可以看出，目前我国电镀工业单位面积的物耗和用水量都很高，与国外先进水平相差甚远。因此必须加强节能减排，加强用能管理，采取技术上可行、经济上合理以及环境和社会可以承受的措施，减少从能源生产到消费各个环节中的损失和浪费，更加有效、合理地利用能源。

5.2 电镀行业的节能减排技术与方法

5.2.1 采用清洁生产工艺

采用对环境无害或者少害的材料和工艺来代替传统电镀过程中使用的有害化学品，从而使电镀过程不产生或者少产生有害废物，是开发清洁生产工艺技术的主要方向。可采用的清洁生产工艺主要有：氯化钾镀锌工艺、镀锌层低六价铬和无六价铬钝化工艺、镀锌合金代镉工艺、无氰电镀、镍合金代替镀硬铬、导电炭黑代替化学镀铜、低温低浓度稀土元素添加剂镀铬及其他清洁生产工艺。

5.2.2 废物回收利用

（1）镍的回收利用

电镀生产过程中产生的含重金属废水，一般都具有水量大、重金属离子浓度低、pH值低等特点。其镍回收处理方法主要有化学中和沉淀法、离子交换法和电解法。离子交换法一次性投资高，设备运行复杂，产生的洗脱液不能回收利用，易造成二次污染。直接电解法近年来研究较多，但对水量大、浓度低的废水仍存在着效率低、回收金属质量差、一次性处理难达标等缺点。化学中和沉淀法对含重金属废水适应性强，特别适合水量大、浓度低的废水，并且一次性投资低、操作简单，因此被国内外广泛应用，但该法的最大缺点是产生大量含镍重金属离子的污泥，对这些污泥如不妥善处理，就会造成二次污染，国内外都在研究污泥处理方法。

（2）铬的回收利用

① 微电解回收铬工艺：微电解工艺原理是依靠电极材料自身的电位不同而在废水中产生电位差，形成无数的原电池，从而产生电极反应并引发一系列的化学反应。常用的反应材料是铁屑（铸铁屑和钢铁屑）和铝屑，同时加入石墨或炭粒以增加反应器内形成的原电池数量。

② 电化学-离子交换组合工艺：电化学工艺的原理则是由外加电场在反应器的阴阳两极上产生电位差，以含铬废水作为电解质，产生电解反应，阳极材料腐蚀溶解，阴极产生析氢反应。通常采用石墨、炭芯片、碳纤维等作为反应器阴极材料，而采用碳钢、铜、不锈钢、石墨等作为阳极材料。当含铬溶液中还存在其他杂质金属离子时，将电化学、离子交换组合可有效处理和回收铬。

③ 开发新的铬回收工艺：利用高浓度含铬废水制备铬黄的工艺路线，在合适的条件下加入过硫酸钠到含铬废液中，使 Cr（Ⅲ）化为 Cr（Ⅵ），加合适的沉淀剂（如 NaOH）除杂质后，加入铅盐溶液生成铬黄。铬黄是铬酸铅（$PbCrO_4$）与硫酸铅（$PbSO_4$）的混合物。采用该工艺路线制得的铬黄完全符合产品的质量要求，具有很高的工业实用价值。此外，利用电镀厂的含铬废水、废渣生产盐基硫酸铬，也是一项值得推广的清洁生产工艺。

5.2.3 减少废水量

（1）改善清洗方式

电镀车间85%以上的废水来自工件漂洗。逆流漂洗并不是新技术，但是应用得好的企业并不多。实践证明如果能改进不合理的清洗方式，采用逆流漂洗，逐级喷淋加上空气搅拌，将会以最低的投入、最简单的方式获得最好的减污增效成果。逆流漂洗基本流程如图5-10所示。采用该清洗方法的同时还可加装光电管自控装置，控制清洗水阀，当工件落在槽位上，电路接通，喷淋清洗阀门开启；当工件离开时，清洗水阀关闭，这样就避免了无工件时清洗水的浪费。

（2）减少带出液

减少工件带出液不仅有利于后继清洗工序的水量削减，也有助于提高原材料利用率，是电镀行业推行清洁生产的基本要求。

① 加强带出液回收：电镀槽后面增设回收槽，镀件出槽后放在空槽上部，用于回收工件带出液，辅以滚筒空转及空气吹扫和气雾喷淋等方式可加强回收，还可采用挡液板、滴液槽、镀后加浸渍回收槽等方式加强带出液回收。

② 延长出槽停留时间：对自动化生产线而言，可通过改变控制参数延长工件出槽停留时间。由于工件在运进过程中镀液会自行滴落，对于较长的生产线，可只提高末端若干电镀槽的停留时间，使镀液能更多地

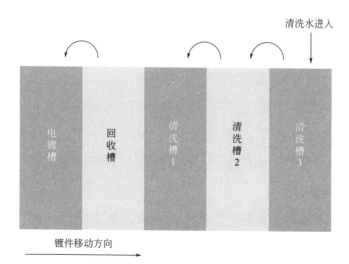

图5-10 逆流漂洗基本流程

回落到电镀槽；对于挂镀人工操作，可考虑将电镀和清洗安排两个员工分别操作，以回收槽作为过渡槽，避免"跳槽"（跳过回收工序）或停留时间不足导致的镀液回收不彻底。

③ 改进工件和设备设计：设计正确的工件装挂位置，以减少带出溶液。如尽可能使工件表面排列垂直，挂具与工件长的方向应平行，挂具与工件的平行方向应稍斜，使工件与挂具点接触，弯曲的工件拐角向下等。

④ 改变镀液条件：在适宜的添加剂镀液中添加润湿剂，降低表面能，适当提高溶液温度，降低溶液黏度，以加快镀液滴落速度；用聚酯浮球盖住镀铬溶液表面或添加铬雾抑制剂，以减少"铬雾"。

（3）加强废水回收利用

电镀生产中可做到排放物回收、清洗水的循环利用和有价值金属的回收使用。要做到一水多用、分质使用和净水复用。

5.2.4　设备改造

（1）使用高频开关电源

电源是电镀行业最主要的能源消耗者，因此高品质的电源是电镀业节能增效的决定性因素，同时对电网的绿色化有重要影响。电镀电源的选用是否正确，直接关系到镀层质量、电镀槽生产能力、能源的消耗及投资的效益。电镀电源有四种：直流电源、硅整流电源、可控硅电源和开关电源（图5-11）。

近年来，以现代电力电子技术的高速发展为基础，国内外相继研制出电镀用第四代直流电镀电源高频开关电源。但是，开关电源特别是大功率硬开关电源在可靠性、稳定性、效率等方面的缺点成为制约其应用

(a) 直流电源

(b) 硅整流电源

图5-11

(c) 可控硅电源

(d) 开关电源

图5-11 电镀电源

和发展的瓶颈。从技术角度看，主要限于硬开关变换模式和模拟控制方式，具有明显的局限性，同焊接等领域全面推广应用开关电源的情况具有较大差距。未来高效节能的电镀电源需具备以下特点：高频高效、智能化、数字化和绿色可靠。此外，电源的结构设计，降额容差设计，采用高性能器件和先进的工艺，控制电路的接地、隔离、屏蔽等因素也是影响电源可靠性的关键因素。

（2）选用清洁能源加热技术

电镀行业传统的加热工艺为电热笔对电镀镀液进行加热，利用电能转化为热能，然后再进行热水循环，其能耗相当大，利用效率低。后来很多企业改成了用燃煤锅炉产生的蒸汽加热，污染又较重。因此尽量选择清洁能源加热技术，如红外加热、电热膜加热技术来取代蒸汽加热，既可达到节能的效果又可减少污染的产生。

（3）电镀槽设计安装

电镀槽（图5-12）的大小必须综合考虑电镀零件、体积电流密度及溶液成分和温度稳定性等影响。确定镀槽尺寸时，主要考虑零件吊挂情况和槽内处理零件之间与槽壁、液面和阳极等的相关距离。传统滚镀设备的滚筒采用聚氯乙烯板钻孔结构，开孔率低，板厚孔长，溶液流动困难，电镀电压高。新型模压成型方孔结构的滚筒开孔率高，比钻孔结构的大一倍以上，可大大改善溶液流动性，电压降减少20%～45%，同时

图5-12　电镀槽

可根据实际情况选用开孔大的滚筒，可明显提高能源效率。

（4）增加变频技术和研制自动控制系统

把变频技术应用在电镀流水线上，控制电机转速、水泵流量及风机风量，在满足正常工艺要求的情况下可达到节能的目的。同时，研制出通用的、带模块结构的自动控制系统也是节能减排的关键。它应该根据不同国家的产品及生产特点、工艺流程、镀槽数量及形式、电镀参数等合理选用相关的功能模块组合，具有很强的灵活性、通用性。为此，采用SID总线（国际标准总线）工业控制微型计算机，该工控机的硬件一般具有模块结构，根据电镀生产的功能要求即可配制成所需的硬件模块，从而构成完整的硬件、软件模块化结构。这样可对不同的工艺流程、镀液参数进行组合控制，既适用于直线电镀线，也适用于环形线、挂镀及滚镀线等；既能控制一部行车，也可以同时控制多部行车接力运行及喷淋处理，还能实现不同电镀槽的冲击电流、电镀电流、镀液温度、光亮浓度等多种参数的自动检测与控制，从而可根据需要实现电镀生产的局部自动控制或全程自动化。图5-13为SID总线控制系统总体框图。

5.2.5　加强企业管理

加强管理是企业永恒的目标。根据全过程控制的概念，环境管理要贯穿于电镀企业整个生产过程及落实到企业的各个层次，要建立完善现代企业制度，运用科学的管理方法。如推行ISO 14000环境管理标准和ISO 9000质量管理标准；运用节能、节水、综合利用等措施；对有条件的工厂应采用计算机管理方式，设计时应考虑相关的布线和机房位置。

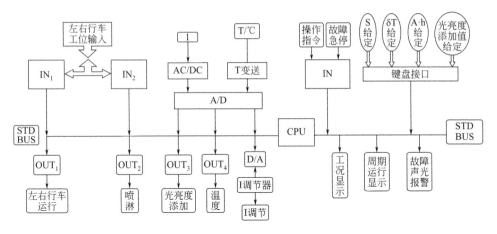

图5-13　SID总线控制系统总体框图

5.3 电镀行业节能减排实例

5.3.1 德州市电镀企业节能减排，实现清洁生产

德州市积极抢抓战略机遇，立足产业传统优势，大力发展高效生态经济，推动工业经济跨越发展。

在国强集团的电镀生产区，闻不到一点刺鼻的气味，也看不到污水横流的踪迹。整个生产线从加药到每个环节都采用自动控制。污水处理采用国际领先的技术，不仅让整个处理实现了达标排放，而且89%的水是回用的。

节能技改不仅让企业被评为国家级清洁生产标准化企业，并且由此形成了省内最大的电镀企业，成为全国最大的五金产业基地。高效生态不单要考虑新企业，对老企业在这方面也要重点考虑。在整个规划包括发展过程中政府给了许多政策，包括资金支持。虽然这种资金支持不一定能保证满足整个企业需求，但是提供了一个导向信号。

在"黄三角"战略推动下，国强集团由一个低附加值、劳动密集型、高污染的传统五金企业转变为高效生态的高新技术企业，实现了凤凰涅槃式的发展。在2012年两批"黄三角"上级财政资金申请中，德州市共有12个项目获得资金1.07亿元，项目通过率和资金额度比例均列"黄三角"各市首位。

废水自动处理系统和废水回收利用系统如图5-14所示。

(a)

(b)

图5-14　废水自动处理系统（a）和废水回收利用系统（b）

5.3.2　常州市武进区淘汰电镀手工生产线

作为2012年环保专项行动的重点工作，武进电镀行业手工生产线淘汰工作全面开展，全区电镀企业生产设备和工艺水平明显提高，收到了良好效果。

走入常州泰瑞美电镀科技有限公司，整个生产区整洁有序，与原来电镀企业废水、废渣满地的情形有天壤之别。为了改善环境，常州泰瑞美在环保上进行大投入，投资5000多万元，购置了自动化生产线，淘汰了原来的落后工艺；同时，对废水进行分类分质集中处理，废渣全部由专业机构回收，废气也全部通过二、三级净化达标排放。

据武进区环保局统计，全区145套电镀手工生产线拆除126套，14家有含氰镀锌工艺的企业逐步淘汰，21家废水分质收集处理得到改造。推进电镀企业升级改造，有利于改善全区环境；改造完成的电镀企业应做好长效管理工作，共同维护生态环境。

总之，清洁生产是实现电镀行业节能、降耗、减污、增效的根本出路，是电镀行业可持续发展的必由之路，可大大降低电镀企业的经营成本，有效保护工人安全和公众健康，提高劳动生产效率，提高企业的市场竞争力。

> **小知识**
>
> 电镀循环经济：循环经济倡导的是一种生产与环境和谐的经济发展模式，它要求把经济活动组织成一个"资源—生产—产品—再生资源"的反馈式流程，其特征是低开采、高利用、低排放。所有的物质和能源要能在这个不断进行的经济循环中得到合理和持久的利用，以

把经济活动对自然环境的影响降低到尽可能小的程度。循环经济为工业化以来的传统经济转向可持续发展的经济提供了战略性的理论范式，以从根本上消解长期以来环境与发展之间的尖锐冲突。电镀企业推行循环经济是将电镀生产与防治污染有机结合起来，把污染防治作为生产自身的内在要求纳入到电镀生产过程中，即通过采用先进技术，提高资源和能源的利用率，把污染物消除在电镀生产过程中，从根本上解决污染问题。电镀循环经济能有效地减少污染物的排放量，充分利用资源，降低生产成本；有效地减少电镀废水排放，降低废水处理投资和运行费用，实现电镀工业可持续发展。

参考文献

[1] 方战强，任官平等．能源审计原理与实施方法 [M]．北京：化学工业出版社，2010．

[2] 孟昭利．企业能源审计方法 [M]．北京：清华大学出版社，2002．

[3] 中国化工节能技术协会．化工节能技术手册 [M]．北京：化学工业出版社，2006．

[4] 邬国英，李为民，单玉华．石油化工概论 [M]．2 版．北京：中国石化出版社，2006．

[5] 节能减排各有"绝活"——湖北化工企业节能经验拾萃 [J]．江苏氯碱，2014，（1）：32-33．

[6] 吕元元．项目申请报告中的绿色化工技术 [J]．中国工程咨询，2012，（9）：28-29．

[7] 郭汉杰，尹志明．钢铁冶金流程节能空间研究 [J]．钢铁，2007，42（2）：77-81．

[8] 张琦，蔡九菊，段国建，等．钢铁工业系统节能方法与技术浅析 [J]．节能，2006，（1）：35-37．

[9] 王清成，罗永浩．钢铁工业的节能新技术 [J]．工业加热，2006，35（1）：1-3．

[10] 戴永春．建材企业节能基础知识 [M]．武汉：武汉工业大学出版社，1991．

[11] 徐永模．坚持创新努力建设资源节约型环境友好型建材工业 [N]．中国建设报，2007．

[12] 周全法，尚通明．电镀废弃物与材料的回收利用 [M]．北京：化学工业出版社，2004．

[13] 陆兴元．电镀过程的节能技术 [J]．材料与表面处理，2001，（1）：35-36．

[14] 《电镀行业污染物排放标准》编制组．电镀行业污染物控制水平分析 [J]．涂料涂装与电镀，2006（5）：41-48．

[15] 魏立安，史蓉蓉，丁园．电镀生产与循环经济 [J]．材料保护，2003，（2）：45-46，49．

[16] 陈建中．电镀清洁生产与循环经济 [J]．环境，2006，（S2）：13，15．